BEI GRIN MACHT SICH IHR WISSEN BEZAHLT

- Wir veröffentlichen Ihre Hausarbeit, Bachelor- und Masterarbeit

- Ihr eigenes eBook und Buch - weltweit in allen wichtigen Shops

- Verdienen Sie an jedem Verkauf

Jetzt bei www.GRIN.com hochladen und kostenlos publizieren

Katrin Blatt

Natürliche Gefährdungspotentiale

Hurrikane in der Karibik und im Golf von Mexiko

GRIN Verlag

Impressum:

Copyright © 2009 GRIN Verlag, Open Publishing GmbH
Druck und Bindung: Books on Demand GmbH, Norderstedt Germany
ISBN: 978-3-640-73552-5

Dieses Buch bei GRIN:

http://www.grin.com/de/e-book/160350/natuerliche-gefaehrdungspotentiale

PHILIPPS - UNIVERSITÄT MARBURG
Fachbereich Geographie
OS Geographie der Meere und Küsten
Wintersemester 2009/2010

Natürliche Gefährdungspotentiale –

Hurrikane in der Karibik und im Golf

von Mexiko

Verfasser: Katrin Blatt

Inhaltsverzeichnis

1 Einleitung

Hurrikane gehören zu den größten und zerstörerischsten Wetterphänomenen der Erde (vgl. Kokhanovsky, A.A. & W. von Hoyningen-Huene 2004, S.165; Lauer, W. und J. Bendix 2006, S.210). Jedes Jahr hinterlassen mehrere dieser riesigen tropischen Wirbelstürme eine Spur der Verwüstung, sobald sie Festland erreichen. Vor den Küsten im Schelfbereich der Ozeane, werden häufig Bohrplattformen schwer beschädigt, Küstenorte und –städte überschwemmt und ganze Küstenlinien verändert. Hurrikane werden aufgrund ihrer enormen Größe und Kraft zu den größten Wetterkatastrophen der Erde gezählt (Lauer, W. und J. Bendix 2006, S.210).

Abbildung 1: Hurrikan Mitch

Tropische Wirbelstürme gibt es sowohl in der nördlichen, als auch in der südlichen Hemisphäre. Je nach Region werden diese jedoch unterschiedlich benannt. Im Indischen Ozean heißen sie Zyklon, im Japanischen Meer Taifun, in Australien Willy-Willy und in Amerika Hurrikan. Diese Arbeit legt ihren Fokus auf die Region der Karibik und den Golf von Mexiko. Deswegen werden im Folgenden sowohl *Hurrikan*, als auch *tropischer Wirbelsturm* verwendet, um dieses Wetterphänomen zu beschreiben (vgl. Häckel, H. 2005, S.271).

Im ersten Teil der Arbeit werden allgemeine Aspekt eines Hurrikans besprochen. So wird zuerst auf die Entstehung und den Lebenszyklus eines Hurrikans eingegangen. Anschließend wird der Aufbau des Hurrikans erklärt. Danach wird das Gefahrenpotential, das von einem tropischen Wirbelsturm ausgeht, näher beleuchtet, einschließlich einer kurzen Auseinandersetzung mit den verschiedenen Möglichkeiten der Vorhersage. Im zweiten Teil der Arbeit werden beispielhaft zwei besonders verheerende tropische Wirbelstürme im Golf von Mexiko vorgestellt. Das letzte Kapitel gibt einen kleinen Ausblick, wie, beziehungsweise ob, Hurrikane und die globale Klimaerwärmung zusammenhängen.

2 Entstehung und Lebenszyklus

Hurrikane sind sehr komplexe Wetterphänomene, die von einer Vielzahl von Faktoren abhängen. So müssen zum Beispiel bestimmte Voraussetzungen vorhanden sein, damit sich überhaupt ein tropischer Wirbelsturm entwickeln kann. Diese sind an bestimmt Regionen der Erde gebunden. Außerdem verfolgen Hurrikane einen bestimmten Lebenszyklus. Des Weiteren von Bedeutung sind die verschiedenen Windgeschwindigkeiten zur Kategorisierung von Hurrikanen nach ihrer Intensität.

2.1 Voraussetzungen für die Entstehung von Hurrikanen

Die Entstehung von Hurrikanen ist abhängig von ganz bestimmten Umweltfaktoren. Hurrikane beziehen ihre Energie vor allem aus der Kondensation von Wasserdampf. Dafür muss dementsprechend eine bestimmte Oberflächentemperatur des Meerwassers gegeben sein. Diese beträgt mindestens 27°C bis in eine Tiefe von etwa 60 Metern (vgl. Häckel 2005, S.271; Lauer, W. und J. Bendix 2006, S.210). Nur so ist eine ausreichende Verdunstung für die Energiegewinnung gegeben. Abbildung 2 zeigt die durchschnittliche Oberflächentemperatur der Meere im Jahr 2001 und ist

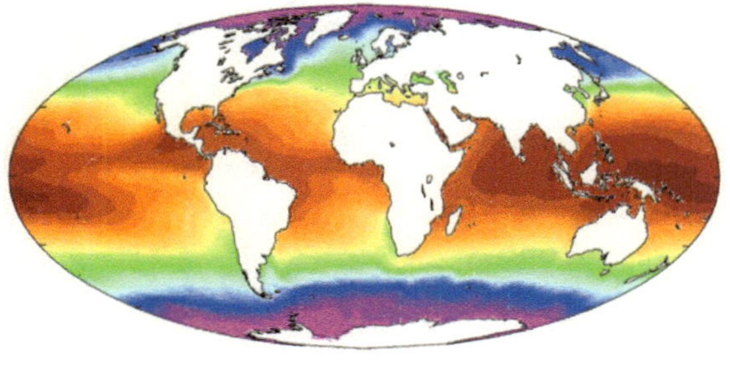
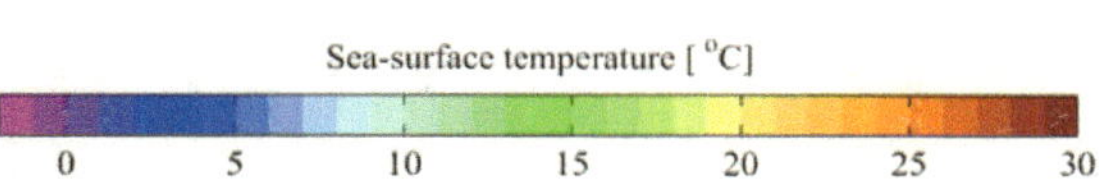

Abbildung 2: Oberflächentemperatur der Meere 2001

damit schon ein Hinweis auf mögliche Entstehungsorte von Hurrikanen. Des Weiteren spielt ein gleichmäßiger Temperaturgradient, also die Abnahme der Lufttemperatur mit zunehmender Höhe, eine wichtige Rolle (Häckel, H. 2005, S.272).

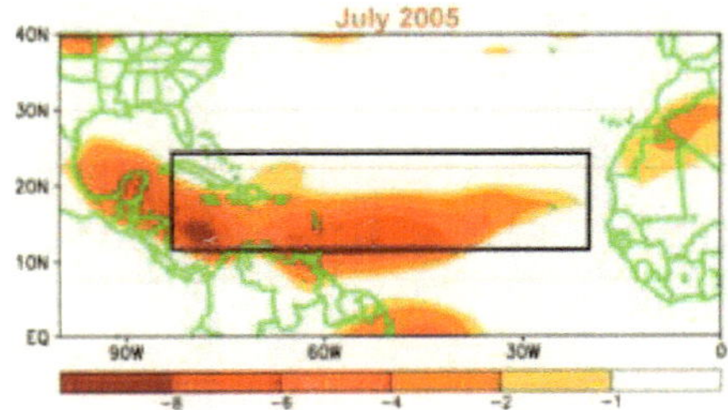

Abbildung 3: Abweichung der Windscherung vom langjährigen Mittelwert im Juli 2005 in relativen Einheiten

Allein diese Bedingung beschränkt die möglichen Entstehungsgebiete von Hurrikanen. Ein weiterer sehr wichtiger Faktor ist der Einfluss der Corioliskraft.

4

Tropische Wirbelstürme entwickeln sich aus Tiefdruckgebieten. Die Corioliskraft verhindert, dass die Luft direkt in das Tiefdruckgebiet einströmt. Stattdessen strömt die Luft um das Tiefdruckgebiet herum. Somit versetzt die Corioliskraft den tropischen Wirbelstürmen ihre charakteristische Wirbeldrehung. Wegen des Einflusses der Corioliskraft dreht sich der Wind auf der Nordhalbkugel in einem Wirbelsturm gegen den Uhrzeigersinn, auf der Südhalbkugel in Uhrzeigerrichtung (Lauer, W. und J. Bendix 2006, S.210.

Außerdem dürfen in den Entstehungsgebieten keine großen vertikalen Windscherungen vorherrschen (Lauer, W. und J. Bendix 2006, S.210). Dies bedeutet, dass Bodenwind und Höhenwind aus derselben Richtung mit etwa derselben Windgeschwindigkeit wehen müssen. Ist dies nicht gegeben können die Aufwinde im Hurrikan-System nicht mehr gerade wehen und werden schräg, was den Zusammenbruch der Aufwinde und damit des entstehenden Hurrikans zur Folge hätte. Anzumerken ist hier, dass im Golf von Mexiko seit 1995 auffällig unterdurchschnittlich niedrige Windscherungen vorherrschen und somit die Sturmbildung begünstigen (vgl. Abb.3).

Die genannten Faktoren sind die wichtigsten Voraussetzungen für die Bildung von Hurrikanen. Die Faktoren müssen jedoch zeitgleich und über einen längeren Zeitraum, sowie über ein ausgedehntes Gebiet vorhanden sein, da ein Hurrikan über eine gewisse Zeitspanne und Einzugsgebiet benötigt, um genügend Energie zu sammeln und zu speichern. So bilden sich pro Jahr im Durchschnitt etwa hundert Wirbel über dem Atlantischen Ozean, aber nur sechs von ihnen entwickeln sich zu einem Hurrikan (Häckel, H. 2005, S.272).

2.2 Entstehungsgebiete

Die in 2.1 genannten Bedingungen für die Entstehung von Hurrikanen grenzen mögliche Entstehungsgebiete stark ein. Besonders ausschlaggebend sind dabei Wassertemperatur und die Wirkung der Corioliskraft.

Hurrikane entstehen aus den sogenannten „easterly waves" (Häckel, H. 2005, S.272). Dies

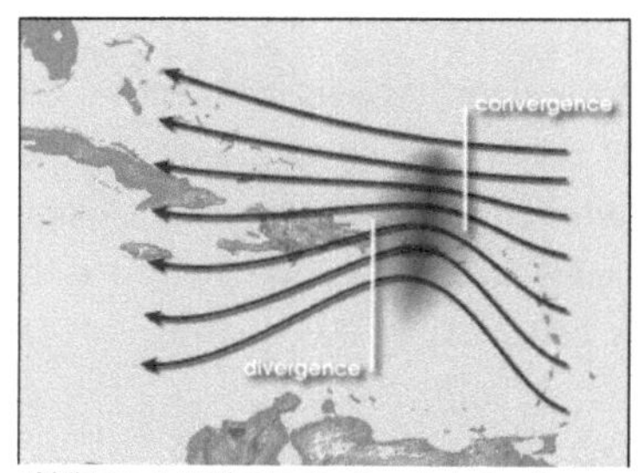

Abbildung 4: Wellen in den Passatwinden des Atlantischen Ozeans

sind atmosphärische Wellenstörungen im Luftdruckfeld, welche sich mit den Passatwinden von Osten Richtung Westen bewegen. Die Passatwinde haben ihren Ursprung etwas südlich der Sahara und strömen dann über den Atlantik. In Abbildung 4 wird verdeutlicht, dass für die Entstehung eines Hurrikans eine „Konvergenz am Boden und eine stärkere Divergenz in der Höhe" (Lauer, W. und J. Bendix 2006, S.210) nötig ist, damit die Luft abfließen kann. Des Weiteren können sich Hurrikane ausschließlich über dem Meer bilden, da sie nur so den benötigten Wasserdampf zur Energiegewinnung erhalten.

Da die Corioliskraft am Äquator und in seiner direkten Nähe zu schwach ist, bilden sich Hurrikane in der Zone zwischen 5° und 20° nördlicher und südlicher Breite über den Ozeanen (vgl. Häckel, H. 2005, S.2727). Dies ist im Bereich der Innertropische Konvergenzzone. Der Korridor um den Äquator bleibt frei (vgl. Abb.5).

Die Regionen der Entstehung von Hurrikanen werden „Hurrican Alley" genannt. Die meisten tropischen Wirbelstürme auf der Nordhalbkugel entstehen in der Karibik, dem Golf von

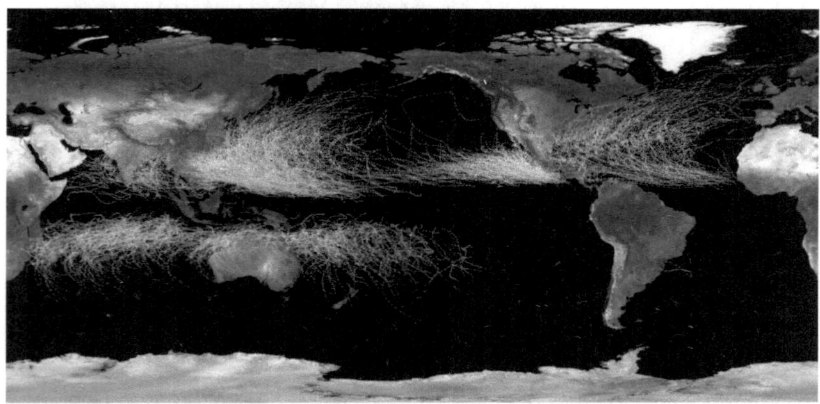

Abbildung 5: Entstehungsorte und Verlauf tropischer Wirbelstürme

Mexiko und im Westpazifik. Vor der Ost- und Westküste Südamerikas sind die Bedingungen für die Entstehung von Hurrikanen sehr ungünstig, da hier sehr kalte Meeresströmungen verlaufen und die ITC hier normalerweise nie südlich des Äquators verläuft. Allerdings gibt es hierbei auch Ausnahmen, so gab es zum Beispiel 2004 einen Hurrikan vor Brasilien (Lauer, W. und J. Bendix 2006, S.210).

Da Hurrikane von der Oberflächentemperatur des Meerwassers abhängig sind, ist sowohl ihre Entstehung als auch ihre Lebensdauer stark von der Jahreszeit abhängig. Die Hurrikansaison kann also nur dann sein, wenn alle Bedingungen zum selben Zeitpunkt über einen längeren Zeitraum auftreten. Auf der Nordhalbkugel für die Region des Nordatlantiks, der Karibik und des Golfs von Mexiko dauert die offizielle Hurrikansaison vom 1. Juni bis 30. November (Rincon, E., Linares, M.Y-R & Barry Greenberg 2001, S.276).

2.3 Ausbreitung und Verlauf von Hurrikanen

Tropische Wirbelstürme verfolgen normalerweise einen charakteristischen parabelförmigen Lauf, ausgehend von ihrem Entstehungsort. Auf der Nordhalbkugel wandern sie zunächst als ausgebildete Wirbelstürme Richtung Westen bis Nordwesten. Umso mehr sie sie allerdings den Kontinenten annähern, ändern sie ihre Richtung und drehen Richtung Norden, beziehungsweise Nordosten ab (vgl. Abb.6). Bei zunehmend höheren Breiten schwächen sie sich langsam ab und werden zu gewöhnlichen Tiefdruckgebieten. Die Lebensdauer von Hurrikanen ist sehr unterschiedlich. Einige leben nur wenige Stunden, andere mehrere Tage bis zu mehreren Wochen (vgl. Häckel, H. 2005, S.272).

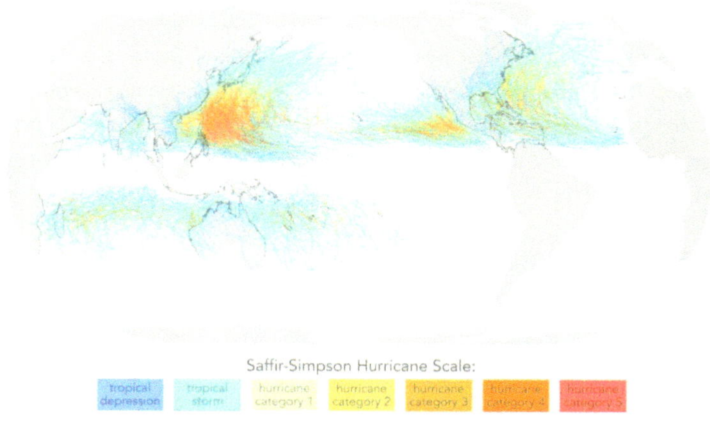

Abbildung 6: Zugbahnen tropischer Hurrikane 1945 – 2006

Hurrikane beziehen ihre Energie aus Wasserdampf und sind somit „energetisch nur über Ozeanen stabil" (Lauer, W. und J. Bendix 2006, S.210). Trifft ein Hurrikan auf Land ist die nachströmende Luft trocken und somit fehlt dem System der Wasserdampf. Je weiter also ein Hurrikan Richtung Norden wandert, desto weniger energiespendender Wasserdampf steht zur Verfügung. Seine Energiezufuhr wird langsam reduziert, das Sturmzentrum wird instabil und das Hurrikansystem fällt nach und nach in sich zusammen. Ein weiterer Grund für den Abbau von Hurrikanen beim Übertritt auf Land ist die Bodenreibung. Diese ist zusätzlich für das Abbremsen der Windgeschwindigkeiten verantwortlich (vgl. Häckel, H. 2005, S.272).

Hurrikane können dennoch auch nach ihrem Auftreffen auf Festland sehr große Verwüstungen anrichten. Dieses ist aufgrund ihrer enormen Größe möglich: ihr Wirbelsystem kann einen Durchmesser von 300 bis 600 Kilometern haben (Lauer, W. und J. Bendix 2006, S.210). Außerdem befinden sich im Windsystem sehr große Mengen an Wasser, die sich noch bis hunderte Kilometer im Landesinneren abregnen können.

2.4 Windgeschwindigkeiten

Ein Sturm wird erst dann als ein Hurrikan eingestuft, wenn er die Orkanstärke von 12 Beauforts, also mindestens 118km/h, überschritten hat (Pielke Jr., R.A. et al. 2005, S.1571). Bei Hurrikanen müssen zwei verschiedene Windgeschwindigkeiten unterschieden werden. Die erste ist die Zuggeschwindigkeit. Hierbei wird die Fortbewegungsgeschwindigkeit des Zentrums des Sturmes gegenüber dem Erdboden gemessen. Diese ist meistens relativ langsam, aber kann auch stark variieren. So bewegt sich ein Hurrikan meist mit einer Zuggeschwindigkeit von   15 – 30km/h über Grund (Lauer, W. und J. Bendix 2006, S.210). Es wurden allerdings auch schon Spitzengeschwindigkeiten von etwa 80km/h gemessen (Häckel, H. 2005, S.271).

Die andere Geschwindigkeit ist dir sogenannte Rotationsgeschwindigkeit. Bei dieser wird die Geschwindigkeit gemessen, mit der sich der Wind im Wirbel selbst bewegt. Die Rotationsgeschwindigkeit wächst mit zunehmender Nähe zum Zentrum des Hurrikans und ist in der direkten Nähe

SAFFIR-SIMPSON SCALE					
Type	CG	Winds (mph)	Winds (knots)	Pressue (millibars)	Surge (feet)
Tropical Depression	TD	< 39	< 34		
Tropical Storm	TS	39 – 73	34 – 63		
Hurricane	1	74 – 95	64 – 82	> 980	4 – 5
Hurricane	2	96 – 110	83 – 95	965 – 980	6 – 8
Hurricane	3	111 – 130	96 – 113	945 – 965	9 – 12
Hurricane	4	131 – 155	114 – 135	920 – 945	13 – 18
Hurricane	5	> 155	> 135	< 920	> 18

Abbildung 7: Saffir-Simpson-Skala

am größten. Diese Geschwindigkeit ist bei einem Hurrikan der schwächsten Kategorie mindestens 118km/h, es gibt allerdings Messungen von Geschwindigkeiten bis 300km/h.

Hurrikane werden anhand der Rotationsgeschwindigkeit in der Saffir-Simpson-Skala definiert und in fünf verschiedenen Kategorien eingestuft. Die Saffir-Simpson-Skala kategorisiert Hurrikane nach ihrer Windgeschwindigkeit, der Höhe der Flutwelle beim Auftreten auf Land und dem Zentraldruck, also dem Druck im Zentrum des Hurrikans. Die Windgeschwindigkeit wird dabei immer über einen Zeitraum von zehn Minuten gemessen. Damit wird weitestgehend ausgeschlossen, dass starke Windböen die Messungen verfälschen. In der Kategorie 1 wird die Zerstörungsgewalt des Hurrikans als relativ schwach eingestuft. So ist hier meist nur mit geringen Überschwemmungen und kleineren Schäden zu rechnen. Ab der zweiten Kategorie werden die möglichen Schäden immer größer, was vor allem mit den höheren Flutwellen und Windgeschwindigkeiten zu tun hat. Hurrikane der Kategorie 5 werden als verwüstend eingestuft, da sie ein enormes Zerstörungspotential mit sich bringen (vgl. Kapitel 4.).

3   Aufbau eines Hurrikans

Wie schon in Kapitel 2.1 erwähnt, benötigt ein Hurrikan für seine Entstehung eine Wassertemperatur von mindestens 27°C. Bei diesen Temperaturen verdunstet Wasser und steigt durch Konvektion in Höhen von bis zu 20km auf. Durch die Kondensation von Wasserdampf bilden sich Wolkentürme. Bei diesem Prozess wird sehr viel Energie in Form von latenter Wärme freigesetzt und dadurch wird die Luft innerhalb der Wolken wärmer. Diese Luft dehnt sich dementsprechend aus und steigt weiter auf. Dadurch entsteht über der Meeresoberfläche ein Unterdruck. Der Unterdruck im Zentrum des Hurrikans ist so stark, dass er der Umgebung wie ein Staubsauger warme Luft mit sehr hohem Wasserdampfanteil entzieht. Demzufolge nimmt die Temperatur in der Luftsäule stetig zu und die Luft steigt weiter an. Oberhalb des Wolkenturmes bildet sich somit ein sehr hoher Luftdruck aus, welcher sich dann langsam antizyklisch verteilt.

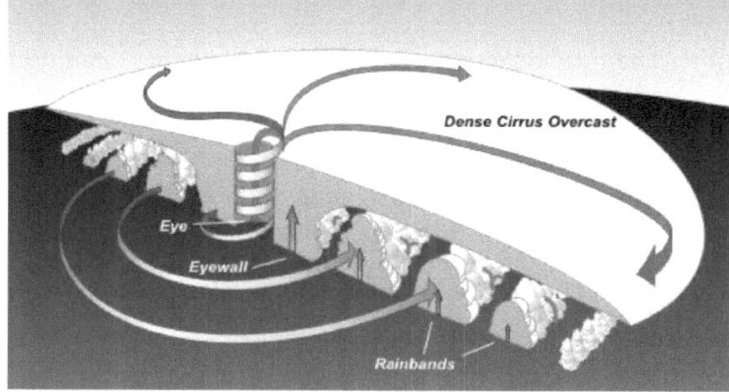

Abbildung 8: Aufbau eines Hurrikans

Das komplette System beginnt durch den Einfluss der Corioliskraft zu rotieren, sodass die feuchtwarme Luft in spiralförmigen Regenbändern aufsteigt (vgl. Häckel, H. 2005, S.272, Lauer, W. und J. Bendix 2006, S.210). Der Hurrikan nährt sich durch die nachströmende feuchtwarme Luft, da die Kondensationsprozesse ihm die nötige Energie liefern. Solange sich der Wirbelsturm über einer Fläche mit den richtigen Voraussetzungen befindet, wächst er weiter an und gewinnt an Kraft und Stärke.

Das Zentrum des Hurrikans wird „Auge" oder „eye" genannt, die spiralförmigen Wolkenbänder darum herum sind die „Außenwände" oder „eyewall" (vgl. Abb.8). Das Auge ist ein „trichterförmiges Gebiet mit absinkender und sich dabei erwärmender Luft" (Häckel, H. 2005, S.272) mit einem Durchmesser von etwa 20 – 70km (Lauer, W. und J. Bendix 2006, S.210). Hier werden die tiefsten Luftdruckwerte gemessen, wobei dieser Kerndruck bis zu 100mbar tiefer sein kann als außerhalb des Zentrums. Das gemessene Minimum bis 2005 lag bei 890mbar (Lauer, W. und J. Bendix 2006, S.210). Das Besondere am Auge eines Hurrikans ist, dass diese Zone niederschlagsfrei und fast windstill ist. Allerdings kann das Auge in einigen Fällen semi-transparent und nicht ganz frei von Wolken sein (Kokhanovsky, A.A. & W. von Hoyningen-Huene 2004, S.172). Um das Zentrum herum befinden sich die eyewalls. Diese „bestehen aus einer nahezu kreisförmigen, einer Haarlocke nicht unähnlichen Wolkenmasse von 500 – 600km Durchmesser und vielen tausend Metern Höhe" (Häckel, H. 2005, S.272). In der ersten eyewall direkt am Rande des Auges werden die höchsten Windgeschwindigkeiten gemessen. Kleine Hurrikane, beziehungsweise gerade entstehende Hurrikane, haben nur eine eyewall. Umso stärker ein Hurrikan umso mehr eyewalls hat er.

4   Gefahrenpotential

Hurrikane haben ein extrem großes Gefährdungspotential. Dies liegt vor allem daran, dass sie aufgrund ihrer sehr großen räumlichen Ausdehnung über mehrere Stunden wüten. Sie können schon allein bei der Annäherung an das Festland unvorstellbare Schäden anrichten. Umso größer sind allerdings die Schäden, wenn ein Hurrikan das Festland erreicht hat (vgl. Häckel, H. 2005, S.272; Stockdon, H.F. et al. 2007, S.2). Sie können ohne Weiteres Flächen von mehreren tausend Quadratkilometern verwüsten, Häuser vernichten und ganze Küstenlandstriche zerstören und verändern. Ein Hurrikan bedeutet immer auch extrem große Verluste für die Wirtschaft. Dies geschieht v.a. durch zerstörte Infrastruktur, vernichtete

Ernten oder schwer beschädigte Ölbohrplattformen (Kaiser, M.J., Yu, Yunke & C.J. Jablonowski 2009, S.1158). Die jährlichen materiellen Schäden sind immens (Lugo, A.E. 2000, S.247). Dies wird besonders deutlich nach extremen Hurrikansaisons wie zum Beispiel 2005 mit einem Sachschaden von 128 Mrd. US$ (Kaiser, M.J., Yu, Yunke & C.J. Jablonowski 2009, S.1156). Außerdem fordern die meisten Hurrikane jedes Jahr zahlreiche Todesopfer.

Interessanterweise haben Hurrikane auf die Flora und Fauna nicht nur negative Auswirkungen. So erholt sich diese in den betroffenen Gebieten erstaunlich schnell und ist dort häufig extrem vielseitig aufgrund permanenter Anpassung an die unberechenbaren Umweltbedingungen. Hier gehören Hurrikane zu dem natürlichen Zyklus und sind Teil eines Reinigungsprozesses der Natur (Lugo, A.E. 2000, S.246).

Bei Gefährdungen durch Hurrikane muss zwischen drei verschiedenen Ursachen unterschieden werden. So spielen natürlich der starke Wind und die großen Niederschlagsmengen eine große Rolle, doch die verheerendsten Zerstörungen werden zumeist durch die Sturmfluten, beziehungsweise den Flutwellen, verursacht (Rincon, E., Linares, M.Y-R & Barry Greenberg 2001, S.276).

4.1 Wind

Die sehr hohen Windgeschwindigkeiten richten durch den direkten Impuls sehr große Schäden an. So können ohne weiteres Bäume entwurzelt, Fahrzeuge und Gebäude beschädigt werden. Die viel größere Gefahr besteht allerdings durch den indirekten Impuls des Windes. Durch den starken Wind können Gegenstände durch die Luft geschleudert und verfrachtet werden und somit Gebäuden, Fahrzeugen und Menschen zu Schaden kommen (Rincon, E., Linares, M.Y-R & Barry Greenberg 2001, S.276).

4.2 Niederschlag

Da sich ein Hurrikan durch die kontinuierliche Verdunstung vom warmen Oberflächenwasser des Meeres nährt, befinden sich sehr große Wassermengen in seinem Wolkensystem. Dadurch kommt es zu extrem starken anhaltenden Regenfällen die besonders in Verbindung mit den Sturmfluten zu katastrophalen Überflutungen führen können. An einem Tag liegen die Niederschlagsmengen bei etwa 500mm (Lauer, W. und J. Bendix 2006, S.210). 1921 sind bei einem Hurrikan in Texas sogar 750mm gemessen wurden. Allerdings können bei Messungen der Niederschlagsmengen von Hurrikanen leicht Fehler passieren, da die sehr hohen Windgeschwindigkeiten häufig zu Regenverwehungen führen (Häckel, H. 2005, S.272). Durch die starken Regenfälle können Erdrutsche ausgelöst werden, die wiederum Schäden anrichten können. Durch die enorme Größe von Hurrikanen richten diese Regenfälle noch hunderte Kilometer im Landesinneren Schaden an und sind noch weithin spürbar.

4.3 Sturmfluten

Im Auge des Hurrikans entsteht auf dem offenen Meer durch die Sogwirkung ein Wasserberg. Solange das Meer noch tief genug ist, kann das Wasser in alle Richtungen abfließen. Kommt der Hurrikan jedoch in Landnähe, nimmt auch die Wassertiefe ab und somit gibt es für den Wasserberg keine Möglichkeit zum Abfließen mehr. Auf dem Meer kommen leicht Wellenberge bis 20m Höhe zustande, die sich aber hauptsächlich wieder verlaufen (vgl. Häckel, H. 2005, S.272).

> *„Massive waves, which in deep water break because of their excessive slope, break in shoal areas as the water, set in rotary motion by wave passage, begins to scrape bottom. This causes the formation of successively shorter, lower waves, each transporting large amounts of water." (Simpson, R.H. und H. Riehl 1981, S.232)*

Diese Wellen haben, im Vergleich zu den Wellen auf dem offenen Meer, dennoch Wellenhöhen von bis zu 10m über NN. Hierbei ist zu beachten, dass die Sturmfluten die Küsten schon einige Stunden vor dem Auftreffen des Hurrikans erreichen. Die Flutwellen richten enorme Schäden an, da sie nicht nur die direkte Küstenumgebung, wie zum Beispiel den Strand, Dünen oder Deiche, betreffen, sondern auch Häuser, Gebäude und Infrastruktur zerstören (vgl. Simpson, R.H. und H. Riehl 1981, S.232). Häufig kommt es in Gegenden, die von Hurrikanen betroffen sind, zu Problemen in der Trinkwasserversorgung, da die Rohre brechen oder Trinkwasserreinigungsanlagen zerstört wurden. Häufig sind die betroffenen Gebiete von der Außenwelt abgeschnitten, da Verkehrsverbindungen unterspült und Kabel zerstört werden. Eine weitere Folge von Sturmfluten durch Hurrikane ist die Veränderung von Küstenlinien. Sturmfluten unter- oder überspülen Landengen, durch Erosion werden ganze Strände oder Steilküsten abgetragen (Stockdon, H.F. et al. 2007, S.2).

5   Vorhersage von Hurrikanen

Die Vorhersage der genauen Zugrichtung und Stärke eines Hurrikans ist für die Bevölkerung in den betroffenen Regionen absolut lebensnotwendig. Nur bei einer ausreichenden Vorwarnung können die Menschen rechtzeitig Sicherheitsmaßnahmen ergreifen und evakuiert werden (Lugo, A.E. 2000, S.248). Der sicherste Weg der Evakuierung ist die Flucht in höher gelegene Landstriche weiter im Landesinneren, dort ist die Bevölkerung weitestgehend geschützt vor Überschwemmungen und Starkwinden (Häckel, H. 2005, S.273).

Dank moderner Technik ist es heutzutage möglich, Zugrichtung und Stärke von Hurrikanen sehr genau vorherzusagen (vgl. Rincon, E., Linares, M.Y-R & Barry Greenberg 2001, S.278; Lugo, A.E. (2000, S.247). Dies geschieht mit Hilfe von Wettersatelliten, Radaren und Wetterflugzeugen. Anhand dieser Daten können Computersimulationen erstellt und damit die genauen Daten und Zugbahn des Hurrikans berechnet werden (Kokhanovsky, A.A. & W. von Hoyningen-Huene 2004, S.165, 166). Auf Satellitenbilder können Hurrikane schon in ihrer Entstehungsphase anhand ihrer charakteristischen Wolkenformation erkannt werden. Anschließende Messungen von Windgeschwindigkeiten innerhalb des Wirbels mit Doppelradaren, sowie die genaue Lokalisierung durch Infrarotmessungen stützen die Prognose. Für die genaue Vorhersage, beziehungsweise Berechnung, der Zugbahn müssen verschiedene Daten gemessen werden. Dazu werden in den USA spezielle Messflugzeuge der US-Luftwaffe, die sogenannten Hurricane Hunters, entsandt. Diese fliegen in das Zentrum des Hurrikans, um dort mit Hilfe einer Sonde genaue Messungen zu Windgeschwindigkeiten, Lage und Größe des Auges, Luftdrücke und thermische Verhältnisse zu sammeln. Die gesammelten Daten werden alle zwei Sekunden zur Bodenzentrale gefunkt, sodass die Meteorologen die genaue Bahn errechnen und rechtzeitige Warnungen an die Bevölkerung ausgeben können. Die Warnung der Bevölkerung erfolgt, wenn die Meteorologen vorhersagen können, dass ein Hurrikan mit einer Wahrscheinlichkeit von 50% in den nächsten 36 Stunden in einer bestimmten Region eintrifft. Somit hat die Bevölkerung etwa eineinhalb Tage Zeit, Sicherheitsmaßnahmen zu ergreifen. Es muss allerdings zwischen zwei verschiedenen Arten von Warnungen unterschieden werden. Die erste ist die „hurricane watch", bei der ein Hurrikan eine bestimmte Region wahrscheinlich innerhalb der nächsten 24 bis 36 Stunden treffen wird. die andere Warnung ist die „hurricane warning". Bei dieser ist mit dem Durchzug des Hurrikans innerhalb der nächsten 24 Stunden zu rechnen (Rincon, E., Linares, M.Y-R & Barry Greenberg 2001, S.276).

Sowohl gut organisierte Evakuierungspläne, als auch private Sicherheitsmaßnahmen sind elementar wichtig, um Schäden durch Hurrikane zu verringern. Interessanterweise würde sich laut einer Studie von (Rincon, E., Linares, M.Y-R & Barry Greenberg 2001, S.276) mehr als die Hälfte der Bevölkerung bei einem Hurrikan dazu entscheiden, in dem gefährdeten Gebiet zu bleiben und ihr Eigentum zu sichern. Allerdings sind Sicherheitsvorkehrungen für einen Großteil der Bevölkerung in den betroffenen Gebieten zu teuer (Rincon, E., Linares, M.Y-R & Barry Greenberg 2001, S.278), wobei in vielen Fällen schon einfache Hilfsmaßnahmen, beziehungsweise Investitionen, ausreichen würden. So ist ein Hauptgrund der Evakuierung nach einem Hurrikan zum Beispiel meist der Verlust an Elektrizität, Wasser oder Gas. Dies könnte mit Hilfe von kleinen Generatoren vermieden werden (Rincon, E., Linares, M.Y-R & Barry Greenberg 2001, S.276).

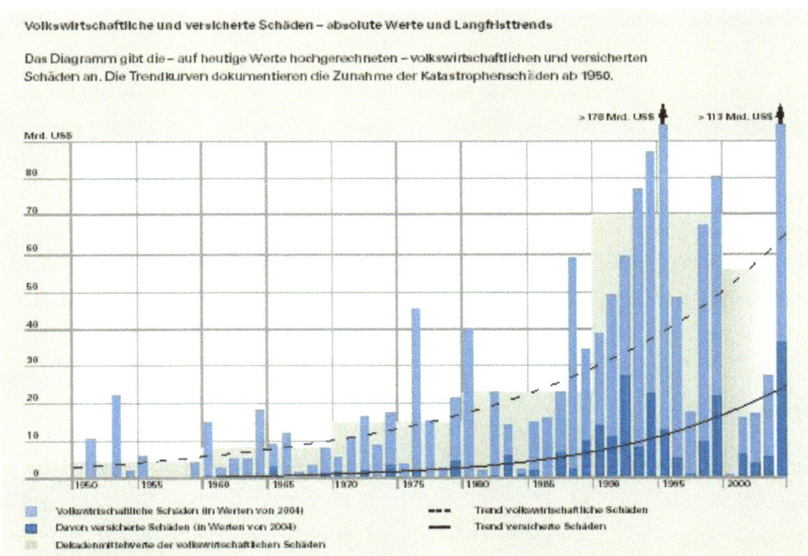

Abbildung 9: Volkswirtschaftliche und versicherte Schäden 1950 – 2005

Durch die mögliche rechtzeitige Warnung der Bevölkerung vor einem Hurrikan konnte die Anzahl der Todesopfer in den USA drastisch gesenkt werden. Allerdings hat das Frühwarnsystem keine positiven Auswirkungen auf das Ausmaß von Sachschäden. Dies liegt zum einen an der zunehmenden Stärke der Hurrikane (vgl. 7.), aber zum anderen auch an dem zunehmenden Wert der Sachgüter in den betroffenen Gebieten (Lugo, A.E. 2000, S.247). Abbildung 9 verdeutlicht die Zunahme der volkswirtschaftlichen und versicherten Schäden seit 1950. Der Grund hierfür liegt einerseits bei der Wertzunahme der Sachgüter und den damit verbundenen höheren Versicherungswerten. Andererseits haben auch der Wert und die Menge wirtschaftlicher Güter in diesen Gebieten zugenommen. So gibt es, z.B. mehr Bohrplattformen im Golf von Mexiko, die bei Hurrikanen häufig schwer beschädigt werden (Pielke Jr., R.A. et al. 2005, S.1573) (vgl. Kapitel 4.).

Nach wie vor suchen Fachleute nach einem Weg, die Gewalt tropischer Wirbelstürme zu brechen. So ist es Langmuir 1947 gelungen, „die Windgeschwindigkeit in einem Wirbelsturm durch die Impfung mit Eiskernen zu verringern" (Häckel, H. 2005, S.273). Seitdem hat es mehrere solcher Versuche gegeben, doch die meisten waren erfolglos. Dennoch sind einige Fachleute überzeugt, dass es einen Weg zur Verringerung der Stürme geben muss.

6 Hurrikane in der Karibik und im Golf von Mexiko

Der Golf von Mexiko und die Karibik werden jedes Jahr von zahlreichen Hurrikanen durchzogen. Dies liegt an denen in Kapitel 2 und 3 beschriebenen Voraussetzungen und Zugbahnen von Hurrikanen. Die Meeresoberflächentemperaturen sind hier zumeist über einen längeren Zeitraum konstant über 27°C und liefern somit eine gute Grundlage für die Energiegewinnung der Hurrikane. Einige der stärksten jemals gemessenen tropischen Wirbelstürme der Welt haben hier gewütet. Dazu gehören auch die beiden Hurrikane Katrina und Dean, in ihrer jeweiligen Hurrikansaison haben sie mit den größten Schaden angerichtet.

6.1 Hurrikan Katrina

Hurrikan Katrina gehört zu den stärksten Hurrikanen in der Geschichte der USA. Außerdem hat Katrina die meisten Todesopfer gefordert.

Am 24. August 2005 entwickelte sich aus einem tropischen Tief über den Bahamas der Hurrikan Katrina.

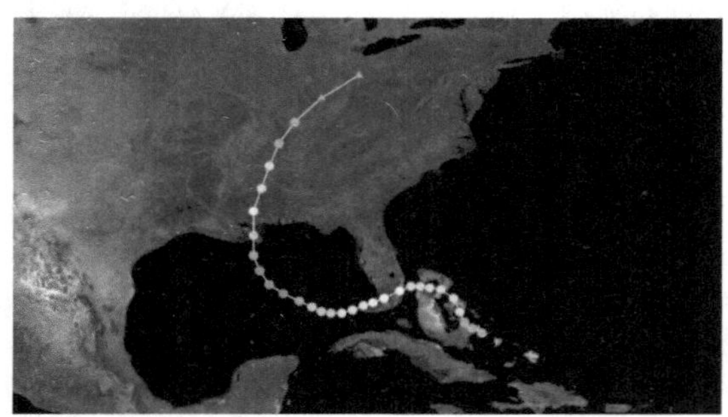

Abbildung 10: Verlauf von Hurrikan Katrina 2005

Der Sturm bewegte sich auf Florida zu und erst kurz vor dem Landübergang wurde er in die Kategorie 1 der Saffir-Simpson-Skala eingestuft (vgl. Abb.10). Über Land wurde Katrina schwächer, aber bei Übertritt auf den Golf von Mexiko nahm der Hurrikan schnell an Stärke zu und wurde innerhalb von nur neun Stunden von einem Kategorie-3-Hurrikan zu einem Kategorie-5-Hurrikan. Hauptgrund hierfür waren die extrem hohen Wassertemperaturen im Golf von Mexiko (Leben, R., Born, G. & J. Scott 2005). Die maximalen Windgeschwindigkeiten wurden am 28. August mit 280km/h gemessen. Der niedrigste Druck im Auge lag bei 902mbar. Damit gehört Katrina zu den stärksten Hurrikanen, die jemals im Atlantischen Ozean gemessen worden sind (Knapp, R.D., Rhome, J.R. & D.P. Brown 2005). Beim zweiten Landübertritt von Katrina am 29. August 2005 in Louisiana gehörte der Hurrikan in die Kategorie 3 mit einer durchschnittlichen Windgeschwindigkeit von 190km/h, sowie einem zentralen Druck von 920mbar. Erst 240km im Landesinneren verlor Katrina an Stärke und wurde zu einem tropischen Tief (Knapp, R.D., Rhome, J.R. & D.P. Brown 2005).

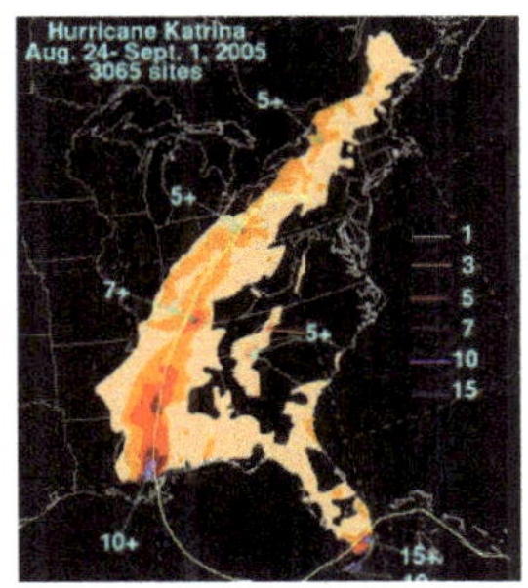

Abbildung 11: Absoluter Niederschlag in den USA durch Hurrikan Katrina

Die Ausläufer von Hurrikan Katrina waren dennoch bis zu New York, den großen Seen und Kanada durch starken Niederschlag, sowie Stürmen spürbar (United States Department of Commerce 2006) (vgl. Abb.11).

Die Auswirkungen und Folgen von Hurrikan Katrina auf die Südstaaten der USA sind verheerend. Insgesamt sind 1836 Menschen durch den Hurrikan ums Leben gekommen, davon allein 1577 in Louisiana (LDHH 2006). Die meisten sind entweder direkt bei dem Hurrikan gestorben oder durch die anschließenden Überschwemmungen. Die größten Verluste und Sachschäden sind in der Stadt New Orleans, Louisiana aufgetreten. Etwa 80% der Stadt sind überflutet worden, da das Deichsystem größtenteils beschädigt, beziehungsweise zerstört wurde (Swenson, D.D. & B. Marshall 2005). Überall entlang der Golfküste von Florida bis Texas sind Küstenlinien zerstört, Häuser und Infrastrukturen beschädig worden. Der wirtschaftliche Schaden durch Katrina war immens. Katrina hat mehr als 30 Ölbohrplattformen im Golf von Mexiko zerstört oder beschädigt, neun Raffinerien mussten geschlossen werden (United States Department of Commerce 2006). Durch die Zerstörung von Wald- und Lageflächen hatte die Holzindustrie einen Verlust von etwa 5 Mrd. US\$. Des Weiteren haben tausende Einheimische der betroffenen Regionen ihre Arbeit verloren, da Firmen zerstört wurden (Sheikh, P.A. 2005). Insgesamt ist Katrina mit einem Schaden von etwa 81 Mrd. US\$ der teuerste Hurrikan überhaupt (Knapp, R.D., Rhome, J.R. & D.P. Brown 2005). Auch die Umwelt ist durch Katrina stark beschädigt worden. So fand durch die Flutwellen Stranderosion in großem Ausmaß statt. Inselketten sind überspült und damit stark in ihrer Geomorphologie verändert worden, z.B. Dauphin Islands (USGS National Wetlands Research Center 2006). Des Weiteren sind Lebensräume für viele Tiere zerstört worden (Sheikh, P.A. 2005).

6.2 Hurrikan Dean 2007

Hurrikan Dean war der stärkste Hurrikan der Saison 2007. Am 13. August 2007 ist er aus einem tropischen Tief etwa 830km südwestlich der Kap Verdischen Inseln über dem Atlantik entstanden (Franklin, J.L. 2007). (vgl. Abb.12). Über den Antillen ist er am 17. August 2007 in die Kategorie 4 der Saffir-

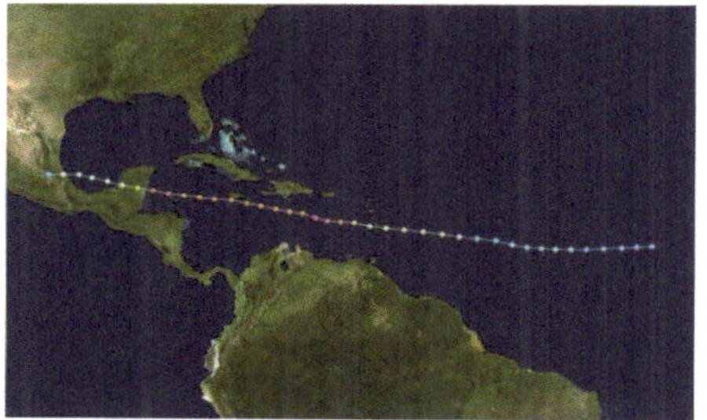

Abbildung 12: Verlauf von Hurrikan Dean 2007

17

Simpson-Skala eingestuft worden (Franklin, J.L. 2007). Am 18. August 2007 wurde Dean sogar zu einem Hurrikan der Kategorie 5 mit Windgeschwindigkeiten von 265km/h. Beim Auftreffen auf Jamaika hat er allerdings etwas an Stärke verloren (Franklin, J.L. 2007), aber bis zu seinem erneuten Landübertritt in Mexiko nah bei der Grenze zu Belize war er kurzfristig wieder ein Hurrikan der Kategorie 5. Im weiteren Verlauf hat Dean stetig an Stärke verloren, bis er sich über Zentralmexiko wieder zu einem normalen Tief abgeschwächt hat (Franklin, J.L. 2007).

Auf seinem Weg durch die Karibik ist Dean durch insgesamt fünfzehn Länder gezogen und dabei 45 Menschenleben gefordert. In Hinblick darauf, dass Dean zweimal in die Hurrikan-Kategorie fünf eingestuft wurde, ist dies nur durch zwei Faktoren zu begründen. Die Zugbahn des Hurrikans war verhältnismäßig einfach, sicher und sehr rechtzeitig zu berechnen. Dadurch hatten die verschiedenen Nationen genügend Zeit, Sicherheitsmaßnahmen zu ergreifen (Franklin, J.L. 2007). Ein weiterer sehr wichtiger Aspekt ist, dass Dean mit der Stärke fünf seinen Landübergang in nur sehr schwach besiedelten Gebieten hatte. So mussten weniger Menschen gewarnt und evakuiert werden.

Dennoch ist gerade der wirtschaftliche Schaden in den betroffenen Gebieten sehr groß. Insgesamt ist ein Schaden von etwa 1,5 Mrd. US$ entstanden. Besonders betroffen sind die Bananen- und Zuckerrohrplantagen auf den Karibikinseln. Diese machen einen sehr großen Anteil am wirtschaftlichen Einkommen der jeweiligen Nationen aus. So sind auf Martinique zum Beispiel 70% der Zuckerrohrplantagen durch heftige Regenfälle und Überschwemmungen zerstört worden (Reuters 2007). Des Weiteren sind viele tausend Menschen obdachlos geworden und die Infrastruktur ist vielerorts zusammengebrochen.

7   Hurrikane und Klimaerwärmung

In die Jahre 2004 und 2005 fällt eine der stärksten jemals gemessenen Hurrikansaisons überhaupt. In dieser Saison sind vier Hurrikane gemessen worden, die zu den zehn stärksten seit Beginn der Aufzeichnungen gehören (Faust, E. 2006, S.1). Diese Tatsache und die scheinbar zunehmende Intensität und Zerstörungskraft der Hurrikane gibt Anlass für zahlreiche Diskussionen über die Frage nach den Gründen für die Zunahme. Hierzu gibt es zahlreiche kontrovers geführte Debatten ob Stärke, Anzahl und Intensität von Hurrikanen mit der globalen Klimaerwärmung zusammenhängt.

Tatsache ist, dass Hurrikane ihre Energie aus der Verdunstung warmen Oberflächenwassers der Ozeane beziehen. Ihre Intensität folgt der Oberflächentemperatur, d.h. je wärmer das Wasser desto intensiver der Sturm. Seit 1995 wurde eine deutliche Zunahme in der Anzahl der Stürme, sowohl als auch die Anzahl von Hurrikanen der Kategorie 5 nach der Saffir-Simpson-Skala verzeichnet (Pielke Jr., R.A. et al. 2005, S.1572). Dies ist aber zuallererst auf die sogenannte *multi-decadal variability*, beziehungsweise der *Atlantic Mulitdecadal Oscillation* zurückzuführen (vgl. Pielke Jr., R.A. et al. 2005, S.1572; Faust, E. 2006, S.10). Hiermit wird ein Klimazyklus der Ozeane bezeichnet, bei dem die Meerestemperatur einem Rhythmus von Kalt- und Warmphasen folgt. Dieser variiert, eine Phase dauert allerdings im Durchschnitt 20 bis 40 Jahre.

Abbildung 13 verdeutlicht, dass in einer Warmphase mehr tropische Wirbelstürme entstehen als in einer Kaltphase. Es wird außerdem ersichtlich, dass seit etwa 1995 im Atlantischen Ozean eine Warmphase vorherrscht. Die dementsprechend höhere Meeresoberflächentemperatur erklärt somit die Zunahme in der Anzahl von Hurrikanen im Vergleich zu den 1970er Jahren (Faust, E. 2006, S.4).

Dennoch wird die Rolle der globalen Klimaerwärmung stark kontrovers diskutiert. Durch die Zunahme der Oberflächentemperatur steht den Hurrikanen theoretisch mehr Energie zur

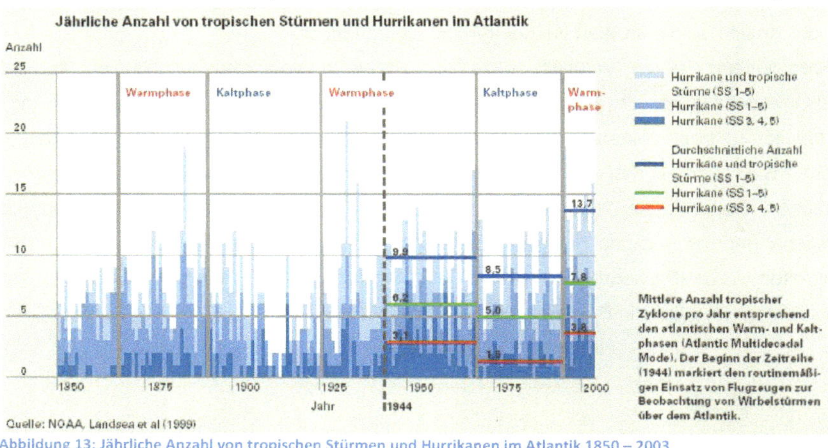

Abbildung 13: Jährliche Anzahl von tropischen Stürmen und Hurrikanen im Atlantik 1850 – 2003

Verfügung. Dies könnte höhere Windgeschwindigkeiten und eine zunehmende Intensität der Hurrikane zur Folge haben (vgl. Faust, E. 2006, S.2, Lugo, A.E. 2000, S.248). Andere Studien zeigen, dass sich nicht nur die Intensität, sondern auch die Häufigkeit tropischer

Wirbelstürme verändern wird (vgl. Pielke Jr., R.A. et al. 2005, S.1572). Nichtsdestotrotz ist es sehr schwierig, den anthropogenen Einfluss auf die Entwicklung von Hurrikanen zu untersuchen, da hierfür einzelne Parameter eines sehr komplexen Systems betrachtet werden müssen.

Eine Prognose wird in der Abbildung 14 dargestellt. Die Grafik zeigt eine mögliche Entwicklung starker Hurrikane in Warmphasen (rot hinterlegt) und Kaltphasen (blau hinterlegt). Die Zunahme der Intensität der Hurrikane wird durch einen dunkleren Farbton

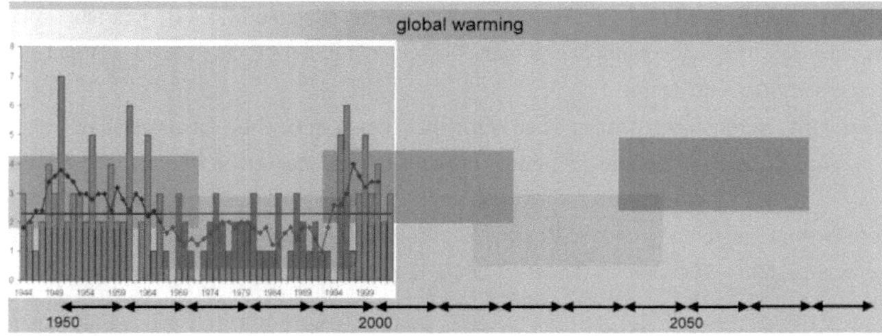

Abbildung 14: Denkbare Entwicklung von Hurrikanen in Warm- und Kaltphasen

gekennzeichnet. Deutlich wird hierbei, dass die Intensität nicht zeitgleich zu einer Zunahme in der Anzahl, also dem Wert auf der y-Achse, führen muss.

 Abschließend ist zu betonen, dass der Vergleich verschiedener Studien zu dem Zusammenhang von der Klimaerwärmung und einer Zunahme der Hurrikanaktivität und – intensität zu einem widersprüchlichen und nicht eindeutigen Ergebnis führt (vgl. Faust, E. 2006, S.6). Eine Vorhersage über mögliche Entwicklungen ist global fast unmöglich zu machen. Dennoch sind sich Klimaexperten einig, dass diese Entwicklungen sehr stark regional geprägt sind und Hurrikane in Region auftreten können, die bis heute noch nicht betroffen waren (Pielke Jr., R.A. et al. 2005, S.1572). Mögliche Hinweise darauf sind zum Beispiel die Hurrikane in Brasilien und den Azoren.

8 Fazit

Hurrikane sind sehr komplexe und sehr gefährliche Wetterphänomene. Ihr Gefährdungspotential hat zerstörerische Auswirkungen für die Natur und den Menschen in den betroffenen Gebieten. Jedes Jahr verursachen Hurrikane in der Karibik und im Golf von Mexiko Sachschäden in Milliardenhöhe und fordern zahlreiche Menschenleben. Durch ihre ungeheure Kraft können sie ganze Landstriche verwüsten, Küstenlinien verändern, Strände abtragen und Buchten aufschütten. Zu den katastrophalen Folgen eines Hurrikans in den betroffenen Gebieten gehören schwer beschädigte Infrastruktur, zerstörte Häuser, Gebäude, gelagerte Güter und Anbaugebieten. Dennoch ist es dank moderner Technik heutzutage möglich, die Bevölkerung so frühzeitig vor einem Hurrikan zu warnen, sodass diese Sicherheitsmaßnahmen ergreifen und evakuiert werden können. Gegen die zerstörerische Gewalt und seine Auswirkungen auf die Natur- und Kulturlandschaft hilft allerdings auch ein Frühwarnsystem nicht viel. Nichtsdestotrotz ist eine frühzeitige Warnung lebensnotwendig für die Bewohner. Dies wird auch in Zukunft eine sehr große Rolle spielen, da aufgrund der aktuellen Warmphase im Atlantischen Ozean die Intensität der Hurrikane weiter ansteigen wird. Im Zusammenhang mit der globalen Klimaerwärmung könnte dies zu einer noch stärkeren Intensität führen, sodass in Zukunft mit mehr Hurrikanen der Kategorie 5 zu rechnen ist.

9 Literaturverzeichnis

Baker, E.J. (1991): Hurricane Evacuation Behavior. – International Journal of Mass Emergencies and Disasters 9/2: 287-310.

Cruz-Palacios, V.B. & I. van Tussenbroek (2005): Simulation of hurricane-like disturbances on a Caribbean seagrass bed. – Journal of Experimental Marine Biology and Ecology 324: 44– 60.

Emanuel, K.A. (1987): The Dependence of Hurricane Intensity on Climate. – Nature 326: 483-485.

Emanuel, K.A. (1999): Thermodynamic control of hurricane intensity. – Nature 401: 665-669.

Faust, E. (2006): Verändertes Hurrikanrisiko. – Münchener Rück: 1-11.

Franklin, J.L. (2007): Tropical Cyclone Report: Hurricane Dean. - http://www.nhc.noaa.gov/pdf/TCR-AL042007_Dean.pdf (Stand: 07.04.2008) (Zugriff: 23.11.2009).

Goldenberg, S.B. et al. (2001): The Recent Increase in Atlantic Hurricane Activity: Causes and Implications. – Science 293: 474-479.

Häckel, H. (2005): Meteorologie. Eugen Ulmer KG: Stuttgart.

Kaiser, M.J., Yu, Yunke & C.J. Jablonowski (2009): Modeling lost production from destroyed platforms in the 2004–2005 Gulf of Mexico hurricane seasons. – Energy 34: 1156– 1171.

Knapp, R.D., Rhome, J.R. & D.P. Brown (2005): Tropical Cyclone Report: Hurricane Katrina: 23.-30. August 2005. - http://www.nhc.noaa.gov/pdf/TCR-AL122005_Katrina.pdf (Stand: 10.08.2006) (Zugriff: 23.11.2009).

Kokhanovsky, A.A. & W. von Hoyningen-Huene (2004): Optical properties of a hurricane. – Atmospheric Research 69: 165–183.

Kossin, J.P. et al. (2007): A globally consistent reanalysis of hurricane variability and trends. – Geophysical Research Letters 34, LO4815.

Lauer, W. und J. Bendix (2006): Klimatologie. Westermann: Braunschweig.

Leben, R., Born, G. & J. Scott (2005): CU-Boulder Researchers Chart Katrina's Growth In Gulf Of Mexico. - http://www.colorado.edu/news/releases/2005/358.html (Stand: 15.09.2005) (Zugriff: 23.11.2009).

Loder, N.M. et al. (2009): Sensitivity of hurricane surge to morphological parameters of coastal wetlands. – Estuarine, Coastal and Shelf Science 84: 625–636.

Louisiana Department of Health and Hospitals (LDHH) (2006): Reports of Missing and Deceased. – http://www.dhh.louisiana.gov/offices/page.asp?ID=192&Detail=5248 (Stand: 02.08.2006) (Zugriff: 23.11.2009).

Lugo, A.E. (2000): Effects and outcomes of Caribbean hurricanes in a climate change scenario. – The Science of the Total Environment 262: 243-251.

Myers, R.K. & D.H. van Lear (1998): Hurricane-fire interactions in coastal forests of the south: a review and hypothesis. – Forest Ecology and Management 103: 265-276.

Piazza, B.P. & M.K. La Peyre (2009): The effect of Hurricane Katrina on nekton communities in the tidal freshwater marshes of Breton Sound, Louisiana, USA. – Estuarine, Coastal and Shelf Science 83: 97–104.

Pielke Jr., R.A. et al. (2005): Hurricanes and Global Warming. – American Meteorological Society: 1571-1575.

Reuters (2007): Hurricane destroys Martinique, Guadeloupe bananas. - http://www.canada.com/topics/news/world/story.html?id=a8b3574c-38b9-4843-8ec3-8c550c33a27b (Stand 18.08.2007) (Zugriff: 23.11.2009).

Rincon, E., Linares, M.Y-R & Barry Greenberg (2001): Effect of Previous Experience of a Hurricane on Preparedness for Future Hurricanes. – The American Journal of Emergency Medicine 19/4: 276-279.

Sheikh, P.A. (2005): The Impact of Hurricane Katrina on Biological Resources. - http://www.opencrs.com/rpts/RL33117_20051018.pdf (Stand 2005) (Zugriff: 28.10.2009).

Simpson, R.H. und H. Riehl (1981): The Hurricane and its impact. Luisiana State University Press.

Stockdon, H.F. et al. (2007): A simple model for the spatially-variable coastal response to hurricanes. – Marine Geology 238: 1-20.

Swenson, D.D. & B. Marshall (2005): Flash Flood: Hurricane Katrina's Inundation of New Orleans, August 29, 2005. - http://www.nola.com/katrina/graphics/credits.swf (Stand: 2005) (Zugriff: 24.11.2009).

9.1   Trenberth, K. (2005): Climate: Uncertainty in Hurricanes and Global Warming. – Science 308: 1753 – 1754.

United States Department of Commerce (2006): Hurricane Katrina Service Assessment Report. - http://www.weather.gov/om/assessments/pdfs/Katrina.pdf (Stand: 2005) (Zugriff: 24.11.2009).

USGS National Wetlands Research Center (2006): USGS Reports Latest Land Change Estimates for Louisiana Coast. - http://www.nwrc.usgs.gov/releases/pr06_002.htm (Stand 03.10.2006) (Zugriff: 24.11.2009).

Wang, W et al. (2009): Post-hurricane forest damage assessment using satellite remote sensing. – Agricultural and Forest Meteorology. Submitted.

1. Abbildungsverzeichnis

Abbildung 14: Denkbare Entwicklung von Hurrikanen in Warm- und Kaltphasen
http://www.atmosphere.mpg.de/enid/7717244d091cd99594cb06d54085864b,0/Spezial__Se
pt__5_Wirbelstuerme/C__Bedingungen_4xe.html (Zugriff: 28.11.2009)